MÉMOIRE SUR LES OS

PROVENANT

DE LA VIANDE DE BOUCHERIE;

PAR M. D'ARCET,

MEMBRE DE L'ACADÉMIE ROYALE DES SCIENCES ET DU CONSEIL DE SALUBRITÉ.

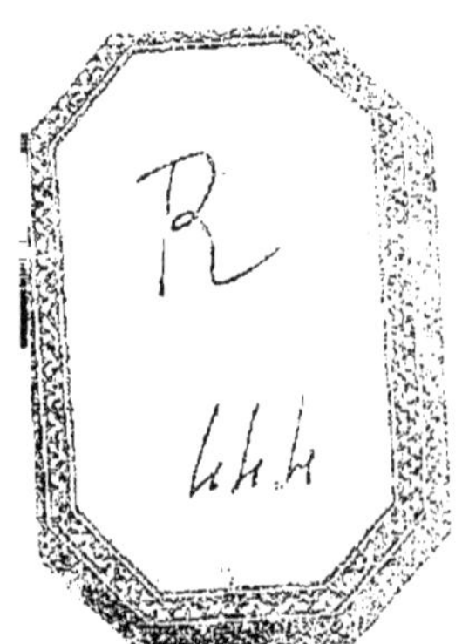

MÉMOIRE

SUR LES OS

PROVENANT

DE LA VIANDE DE BOUCHERIE.

MÉMOIRE SUR LES OS

PROVENANT

DE LA VIANDE DE BOUCHERIE,

DANS LEQUEL ON TRAITE DE LA CONSERVATION DE CES OS, DE L'EXTRACTION DE LEUR GÉLATINE PAR LE MOYEN DE LA VAPEUR, ET DES USAGES ALIMENTAIRES DE LA DISSOLUTION GÉLATINEUSE QU'ON EN OBTIENT (1);

PAR M. D'ARCET,

MEMBRE DE L'ACADÉMIE ROYALE DES SCIENCES ET DU CONSEIL DE SALUBRITÉ.

Préambule.

Nous nous proposons, dans ce mémoire, de rappeler l'attention de l'administration, et d'éclairer l'opinion publique, sur l'emploi de la gélatine des os considérée comme substance alimentaire. Les travaux longs et difficiles que nous avons entrepris dans ce but, depuis 1812, nous ont mis à

---

(1) Extrait du *Recueil Industriel et des Beaux-Arts*, auquel on souscrit à Paris, chez M. de Moléon, rue Godot-de-Mauroy, nº 2. Prix, 30 fr. pour Paris; 36 fr. pour les départemens, et 42 fr. pour l'étranger, payés d'avance en souscrivant.

portée de traiter à fond cette question économique, et nous portent à croire qu'avant peu d'années, les os, cette source si riche de matière nutritive, prendront enfin le rang qui leur est dû parmi les substances animales employées pour la nourriture de l'homme. Nous soumettons ce travail au jugement des personnes éclairées qui se consacrent au soulagement de la classe indigente, et à l'augmentation de son bien-être et de son bonheur : nous désirons qu'elles approuvent le résultat de nos travaux, et nous espérons qu'elles voudront bien nous aider de leur appui pour nous faire atteindre le but utile que nous nous sommes proposé, et pour lequel nous avons rédigé le mémoire qui suit.

CHAP. Ier. — *De la composition des os, de leur emploi comme substance alimentaire.*

Nous ne considérerons ici les os que sous le rapport économique, et nous n'aurons égard, en en indiquant la composition, qu'aux principales substances qui les constituent.

Les os, qui forment la partie solide, et, pour ainsi dire, la charpente des animaux, doivent se diviser en deux classes relativement à l'objet qui nous occupe : les os compactes, plats ou cylindriques, ne contenant que peu de graisse, et qui se vendent fort cher aux tourneurs, aux boutonniers, aux tabletiers et aux éventaillistes, doivent être mis à part, et conservés pour ces usages. Les autres os, ceux qui restent après le triage dont nous venons de parler, et parmi lesquels se trouvent les têtes spongieuses des gros os et les extrémités des os plats, sont ceux que l'on doit employer comme substance alimentaire, dans le procédé dont il s'agit (1); c'est, par conséquent, la composition moyenne de cette espèce d'os qu'il nous importe de connaître. Une longue expérience et de nombreuses analyses nous ont appris que ces os, étant séchés, contiennent environ par quinzal :

Substance terreuse......	60
Gélatine................	30
Graisse.................	10
	100

Ce sera donc d'après ces proportions que nous établirons les calculs que nous aurons à présenter dans la suite de ce mémoire. Nous ferons seulement observer ici, que les têtes des gros os contenant jusqu'à 50 pour cent de graisse, il serait facile de former à volonté, avec les os dont nous parlons, des mélanges pouvant fournir ou plus de graisse ou plus de gélatine, selon l'avantage qu'il y aurait, dans telle localité ou dans telle circonstance, à obtenir de préférence l'un de ces deux produits.

100 kilogrammes d'os, contenant 30 kilogrammes

(1) Les os de mouton, et les os qui proviennent de la viande rôtie donnent souvent de la graisse rance, ou sentant le suif, il est essentiel de mettre ces os à part, pour les traiter séparément.

de gélatine, et 10 grammes de gélatine suffisant pour animaliser un demi-litre d'eau, au moins autant que l'est le meilleur bouillon de ménage, il est évident que 100 kilogrammes d'os peuvent fournir assez de dissolution gélatineuse, pour préparer 3000 rations de bouillon. 1 kilogramme d'os doit donc servir à préparer 30 bouillons d'un demi-litre chacun; mais un kilogramme de viande ne peut fournir que 4 bouillons, d'où il suit, qu'à poids égal, les os abandonnent à l'eau 7 fois et demie autant de matière animale que la viande.

On sait que 100 kilogrammes de viande de boucherie contiennent environ 20 kilogrammes d'os; cette quantité de viande pouvant donner 400 bouillons, et les 20 kilogrammes d'os pouvant servir à en préparer 600, on voit, qu'en extrayant toute la gélatine des os provenant d'une quantité donnée de viande, on peut faire 3 bouillons avec les os, quand la viande et les os réunis n'en donnent actuellement que deux, et qu'on pourrait, par conséquent, préparer cinq bouillons avec la même quantité de viande non désossée, qui n'en fournit ordinairement que deux.

On sentira toute l'importance de ces considérations, quand on se rappellera que la viande de boucherie consommée dans le seul département de la Seine, peut fournir à peu près dix millions de kilogrammes d'os par an, et que cette quantité d'os pourrait suffire à la préparation de plus de *huit cent mille rations* de bouillon par jour. On voit combien il est à désirer que l'on organise promptement les procédés, au moyen desquels on peut arriver à un résultat si important pour l'amélioration du régime alimentaire des pauvres et de la classe peu fortunée.

CHAP. II. — *Du broiement des os.*

L'on pourrait extraire toute la gélatine contenue dans les os, en les soumettant à l'action de la vapeur, sans les broyer dans l'appareil qui fait le sujet de ce Mémoire; mais l'opération traînerait en longueur, à moins qu'on ne craignît pas de dénaturer une portion de la gélatine, et que l'on pût employer de la vapeur fortement comprimée. L'expérience a prouvé qu'il est préférable de broyer convenablement les os, avant d'en extraire la graisse et la gélatine : nous conseillons donc de toujours prendre ce soin, et nous pensons que ce n'est pas dans cette partie de l'opération, qu'il faut chercher à accélérer le travail et à diminuer la main d'œuvre.

On a successivement proposé un grand nombre de machines différentes pour opérer le broiement des os (1); nous les avons examinées avec soin :

---

(1) Voyez, relativement au broiement des os, les ouvrages suivans :

Annales de l'Agriculture française, 1re série, tome IV, page 360.

Bulletin de la Société d'encouragement, tome 3, page 164, et tome XXV, pages 275 et 383.

Mécanique de Borgnis, tome V, page 243 (1819).

Dictionnaire des Découvertes, tom XII, page 423.

voici l'opinion que nous nous sommes formée à ce sujet.

Les os destinés à l'usage alimentaire ne doivent pas être écrasés à coups redoublés, car ils contracteraient ainsi une odeur empyreumatique fort désagréable : il faut d'abord les mouiller, et les écraser ensuite, autant que possible, en un seul coup, en les faisant passer entre des cylindres de fonte canelés, ou sous un mouton assez pesant ; si l'on n'avait que peu d'os à broyer chaque jour, il suffirait de faire usage, pour cela, d'un levier horizontal, pareil à celui qu'emploient les fabricans de toiles peintes et de papiers peints, ou du tas et de la masse que l'on voit représentés aux figures 1 et 2 de la planche 1re (1). Dans tous les cas, il faut

---

(1) Si l'on avait à broyer des os ne contenant pas de graisse, ou contenant de la graisse rance, et dont il serait indifférent de sacrifier une partie, on pourrait les placer, sans les concasser, dans un cylindre à part, et les y soumettre à de la vapeur assez comprimée pour les rendre très fragiles en peu de temps. On produirait le même effet, en les élevant à une température sèche de 130 à 140 degrés centigrades, dans une étuve ordinaire. Les os, ainsi traités, ne cassent plus en esquilles; ils se brisent perpendiculairement à leur axe, comme le font les marbres, le moellon, etc. Dans cet état, les os se broient et se pulvérisent même très facilement; on peut alors les casser sans effort et les réduire en menus morceaux, pour les traiter, comme os frais, dans notre appareil: ce moyen sera surtout avantageux à employer dans les établissemens où, opérant sur des os sales et vieux, on en destinerait la gélatine à l'amélioration des substances végétales servant à la nourriture des bestiaux.

avoir soin de tremper dans l'eau les fragmens d'os que l'on veut soumettre de nouveau à l'action des cylindres, du mouton, ou de la masse, pour en achever la pulvérisation. On parvient ainsi à réduire les os en morceaux assez menus, sans leur faire contracter de mauvaise odeur, mais on doit les employer immédiatement; sans cela, il faudrait les conserver, en les tenant plongés, soit dans une eau courante, soit au moins dans de l'eau fraîche, ou, ce qui serait beaucoup mieux, dans une dissolution de sel marin presque saturée.

CHAP. III. — *De la conservation des os.*

La facilité avec laquelle les os frais entrent en putréfaction, l'altération profonde que la gélatine éprouve dans ce cas (1), et l'ignorance où l'on est généralement des moyens à employer pour mettre les os à l'abri de toute altération, étant les principales causes qui se sont opposées, dans beaucoup de circonstances, à l'emploi régulier de l'énorme quantité de substance nutritive qu'ils contiennent, nous avons cru devoir traiter ici cette

---

(1) Une portion de gélatine se convertit en ammoniaque; l'ammoniaque formée se combine à la gélatine non décomposée, lui ôte la propriété de se prendre en gelée par le refroidissement, et la rend soluble dans l'eau froide: c'est probablement ainsi que les os peuvent devenir un puissant engrais. Voyez la note que nous avons publiée à ce sujet dans les *Annales de Chimie et de Physique*, tome XVI, page 361, et dans le tome XV, page 113, de la deuxième série des *Annales d'Agriculture*.

question avec soin, et nous allons, en conséquence, réunir dans ce chapitre ce que nous avons pu rassembler, et ce que nous avons conseillé à ce sujet.

Lorsqu'il ne s'agit que de conserver les os frais, pendant quelques jours, il suffit, comme nous l'avons déjà dit, de les tenir plongés dans une eau courante, dans de l'eau froide convenablement renouvelée, ou, mieux encore, dans une dissolution concentrée de sel marin ; mais ce n'est pas de ce genre de conservation que nous avons à nous occuper. Nous consacrerons ce chapitre à l'exposition des moyens à employer pour assurer la conservation des os, pendant plusieurs années de suite, comme cela est nécessaire, pour qu'ils puissent prendre rang parmi les substances alimentaires, admises dans les grands approvisionnemens.

Dans ce sens, les procédés à employer pour rendre les os conservables doivent avoir pour but d'en séparer la graisse et de les dessécher, ou bien, si l'on veut y laisser la graisse, de l'empêcher d'y rancir et de s'opposer, en outre, à l'altération que l'humidité pourrait faire éprouver à l'os qui la renferme. On a jusqu'ici tenté d'obtenir ces divers résultats par trois moyens différens.

On a essayé de rendre les os conservables en les nettoyant, en les concassant, en les faisant bouillir dans une chaudière remplie d'eau pour en extraire la graisse ; en les lavant à l'eau chaude et en les faisant sécher sur un filet, dans un séchoir à l'air libre, ou dans une étuve convenablement chauffée : les os ainsi préparés fournissent beaucoup de graisse, mais ils en retiennent encore une trop grande quantité pour qu'ils ne prennent pas à la longue une odeur de graisse rance, qui nuit à leur emploi comme substance alimentaire.

On a aussi proposé de prendre les os, après en avoir séparé la graisse, comme il vient d'être dit; de les faire bouillir pendant une demi-heure dans une lessive caustique (1), de les laver à grande eau et de les faire sécher en les exposant à l'air ou dans une étuve. Les os ainsi préparés se conservent facilement, et peuvent être envoyés au loin et embarqués avec succès; mais l'opération demande à être faite avec soin, et il est rare que les os préparés par ce moyen ne donnent point de la gélatine altérée, sentant le rance, ou conservant le goût du savon qui a été formé à leur surface, et qu'il est difficile d'en bien enlever, à cause de l'excès de graisse qui y reste.

---

(1) Il faut employer, pour dégraisser 100 kilogrammes d'os, une lessive préparée avec 1500 grammes de sel de soude de bonne qualité, 1500 grammes de chaux vive et 50 litres d'eau : on fait éteindre la chaux, on la met dans l'eau, on y ajoute le sel de soude, on agite bien le mélange de temps en temps, pendant quelques heures, on laisse déposer et on tire à clair la lessive caustique, que l'on peut employer aussitôt pour le dégraissage des os; le résidu qui reste au fond du baquet doit être épuisé, en le lavant avec de nouvelle eau; ces eaux faibles, réunies aux premières eaux de lavage des os dégraissés, peuvent servir à la préparation d'une nouvelle dose de lessive caustique.

On a enfin employé la salaison pour conserver les os sans en séparer préalablement la graisse; mais ce procédé a été trouvé trop coûteux pour être employé en grand, il ne conviendrait d'ailleurs pas pour le service de la marine, qui réclame des alimens frais, non salés, et occupant le plus petit volume possible.

Dans l'état actuel des choses, il est de fait qu'il reste beaucoup à désirer relativement à la conservation des os, considérés comme substance nutritive. C'est, pourtant, la solution complète de ce problème, qui doit procurer les moyens de régulariser le commerce des os, qui peut leur donner leur véritable valeur, et qui doit en faire adopter l'emploi dans les approvisionnemens de la marine et de la guerre : on voit donc que cette partie du sujet qui nous occupe est de la plus haute importance.

En réfléchissant aux difficultés dont il s'agit, j'ai pensé à appliquer à la conservation des os le procédé ingénieux qui a servi de base à la patente anglaise, prise en 1808, par M. Plowden (1), et qui consiste à plonger les viandes que l'on veut conserver dans une forte dissolution de jus de viande ou de gélatine, et à les faire ensuite sécher à l'air libre. Je suis ainsi parvenu à rendre les os conservables aux moindres frais possibles: Voici le procédé que j'emploie :

Je prends une dissolution de gélatine contenant

(1) *Repertory of Arts*, 2e série, XIIIe volume, page 34.

environ trente centièmes de gélatine sèche, je la fais chauffer jusqu'à quatre-vingts ou quatre-vingt-dix degrés centigrades, et j'y trempe, à plusieurs reprises, les os nettoyés, concassés en petits morceaux, restant chargés de leur graisse, ou ayant été à volonté dégraissés avec soin au moyen de la vapeur ou de l'eau bouillante; les os, ainsi enveloppés d'une couche de gélatine, sont mis à sécher sur des filets exposés dans un séchoir à l'air libre, et sont ensuite traités une ou deux fois de la même manière, pour augmenter à volonté l'épaisseur de la couche de gélatine, qui en recouvre toute la surface. Les os, ainsi *enrobés* de gélatine, doivent être parfaitement desséchés, d'abord à l'air libre, et, ensuite, dans une étuve chauffée seulement à vingt ou vingt-cinq degrés centigrades (1); amené à cet état, chaque fragment d'os étant comme renfermé dans une vessie, ne craint, pour ainsi dire, pas même l'humidité de l'air, puisque la gélatine n'est que faiblement hygrométrique, et se trouve alors être parfaitement conservable.

La gélatine extraite des os par le moyen du procédé qui fait le sujet de ce Mémoire, convient très bien à l'usage dont il s'agit (2); celle qui sert à

(1) En chauffant cette étuve au moyen de notre appareil, on utiliserait la chaleur que les quatre cylindres peuvent donner, et on réduirait ainsi à rien la dépense en combustible, soit dans le service de l'étuve, soit dans l'extraction de la gélatine des os.

(2) Si la gélatine employée à cet usage était parfaitement

préparer les os n'est d'ailleurs pas perdue, puisqu'elle se retrouve au moment où les os qui en sont enrobés servent à la préparation des gelées ou du bouillon, et qu'elle vient alors augmenter la dose de gélatine que les os ordinaires peuvent fournir. On voit que ce procédé présente les avantages désirables; en effet, tous les os frais peuvent être ainsi facilement préparés; la graisse et la gélatine qu'ils contiennent se trouvent complétement à l'abri du contact de l'air et de l'humidité, et sont par conséquent garantis de toute altération; on ne fait usage d'ailleurs, pour leur préparation, que d'une substance qui en augmente la richesse alimentaire, et dont l'emploi ne nécessite aucune perte de main-d'œuvre. Le procédé que nous proposons sera sans doute préféré à ceux dont il a été parlé plus haut: il suffira, pour en obtenir de bons résultats, de conserver autant que possible les os enrobés de gélatine dans des sacs ou dans des tonneaux placés dans un endroit sec.

Nous terminerons ce chapitre en faisant observer que l'application du procédé de conservation que nous venons d'indiquer pourrait ouvrir une branche de revenus assez importante pour les hô-

---

insoluble dans l'eau froide, la couche qu'elle formerait à la surface des os plats et très unis pourrait s'en détacher par suite de sa dessiccation; on éviterait cet inconvénient, en employant de la gélatine préparée par de la vapeur à plus haute tension, ou bien, en mélangeant un peu de gomme avec la gélatine trop pure dont il s'agit.

pitaux, pour les autres grandes réunions d'hommes, pour les ateliers de salaison, en un mot, pour tous les établissemens où l'on recueille une grande quantité d'os propres ; en effet, ces administrations qui font vendre maintenant les os à bas prix, pourraient, en les rendant conservables, en faire l'objet d'un commerce régulier, et les vendre, comme substance alimentaire, pour les approvisionnemens de la marine ou de la guerre, pour l'amélioration des soupes économiques, pour celle des autres nourritures végétales destinées à la classe indigente, et enfin pour l'usage des cuisines particulières.

Chap. IV. — *Des différens procédés qui ont été employés jusqu'ici pour extraire la gélatine des os.*

On a probablement su, de tout temps, que les os des animaux contiennent une grande quantité de substance nutritive ; les besoins pressans auxquels l'homme, réduit à l'état sauvage, se trouve exposé ; l'exemple des animaux carnivores, qui préfèrent souvent les os à d'autres alimens plus faciles à broyer, et la propriété qu'ont les os de brûler avec flamme lorsqu'on les expose au feu, sont autant de causes qui, allant au même but, n'ont point dû laisser long-temps ignorer que les os peuvent servir à la nourriture de l'homme ; il paraît néanmoins que ce n'est qu'en 1681 que l'on a commencé à en extraire la matière animale, pour mieux l'approprier à nos besoins. Papin, homme de génie, à qui l'on doit les premières idées précises sur la force motrice de la vapeur, et sur l'emploi utile de cette force, proposa alors de traiter les os à haute température, et se servit pour cela de la marmite ou du digesteur qui porte encore son nom.

Un grand nombre de personnes essayèrent, depuis lors, et, à différentes époques, d'utiliser ce procédé; mais toutes les tentatives faites à ce sujet échouèrent par suite de peu de sûreté que présentait l'emploi de la marmite de Papin, à cause des grandes précautions qu'il fallait prendre pour empêcher sa soupape de jouer et de donner issue à la totalité du liquide contenu dans l'appareil, et enfin, parce qu'en traitant les os à haute pression, on n'en obtenait presque toujours que de la gélatine altérée, ne se prenant plus en gelée, et ayant une saveur empyreumatique fort désagréable. Pénétrées de ces graves inconvéniens, d'autres personnes ont essayé d'extraire la gélatine des os en les râpant, en les réduisant en copeaux, ou en les broyant et en les traitant ensuite, dans des vases ouverts, par l'eau bouillante, sous la seule pression atmosphérique; mais ces travaux, parmi lesquels on doit distinguer ceux dus à M. Grenet (1), ceux que M. d'Arcet père fit en 1794 (2), les

(1) Voyez *Mémoires de Pelletier*, tome II, page 66 (1792).

(2) Voyez nos 23 et 24 *de la Décade Philosophique*, à la date des 20 et 30 frimaire an 3 (1794), pages 454 et 521.

recherches de Proust qui, publiées en Espagne dans l'année 1791, ne le furent en France qu'en 1801 (1), et enfin les nombreuses publications relatives à cet objet, faites dans ces derniers temps par M. Cadet de Vaux; ces travaux, disons-nous, sont presque restés sans applications utiles, et cela, à cause de la dépense excessive en combustible et en main-d'œuvre qu'entraîne l'exécution de ce procédé, et parce qu'il ne procure d'ailleurs pas, à beaucoup près, toute la gélatine que les os peuvent fournir (2). Les choses étaient dans cet état, lorsque nous organisâmes, il y a environ quinze ans, l'art d'extraire la gélatine des os par le moyen des acides. Le rapport qui fut alors fait par la Faculté de Médecine, relativement à l'emploi de cette gélatine dans le régime alimentaire des hôpitaux (3); les succès qu'obtint

(1) Voyez *Journal de Physique*, tome LIII, page 227 (1801).

(2) Des os, que M. Cadet de Vaux avait employés quatre fois de suite pour faire du bouillon d'os dans l'établissement de charité qu'il avait organisé en 1817, pour le bureau de bienfaisance du premier arrondissement de Paris, ayant été lavés et séchés, contenaient encore 37 centièmes de matière combustible, et donnaient, en les traitant par l'acide hydrochlorique, 27 de gélatine pure et sèche par quintal; c'est, à très peu de chose près, ce que l'on aurait pu obtenir de ces os avant l'emploi dont il s'agit.

(3) Ce rapport a été imprimé, par ordre de la Faculté de Médecine, dans le tome XXXI, page 352 du *Journal de Médecine*, *Chirurgie*, *Pharmacie*, etc. Il a depuis été réimprimé, soit en entier, soit en extrait, dans le tome XCII, page 300, *des*

cette nouvelle industrie, malgré les vices d'une mauvaise administration; le grand nombre de fabricans de colle qui exploitent aujourd'hui ce procédé, tout prouve que s'il avait été géré par des mains plus habiles que celles auxquelles nous en avions confié l'exploitation, il eût fortement contribué à faire prendre à la gélatine des os le rang qu'elle doit occuper dans la liste des substances alimentaires, et eût, depuis lors, rendu de très grands services pour la nourriture du marin, du soldat et de la classe indigente; malheureusement, la cause que nous venons d'indiquer a agi de la manière la plus funeste sur le développement de cette industrie, et a presque détruit l'impulsion que nous étions parvenu à lui donner. On s'était cependant déjà habitué à acheter et à employer la gélatine extraite des os par le moyen des acides, comme substance alimentaire. Mais la bonté des produits n'ayant pas toujours répondu aux désirs des consommateurs, les ventes de gélatine diminuèrent, et l'attention fut tout naturellement rappelée sur les travaux de Papin; on refit quelques applications de ses procédés, et c'est encore en les suivant que quelques fabricans préparent aujourd'hui une partie de la petite quantité de gélatine

---

Annales de Chimie; dans la treizième année, page 292, du *Bulletin de la Société d'encouragement;* dans le tome LXI, page 122, des *Annales d'Agriculture;* dans le *Bulletin de la Société philomatique*, année 1815, page 60, et dans le *Journal de Pharmacie*, en janvier 1815, page 39.

alimentaire qui se consomme. Voilà la position où se trouve l'industrie dont il est question dans ce Mémoire; voici ce que nous avons fait pour contribuer de nouveau à en hâter le développement.

En étudiant, en 1812 et 1813, le procédé de Papin, nous avions, comme nous l'avons dit plus haut, reconnu que les os ne pouvaient pas être impunément exposés à l'action de l'eau élevée à une haute température; que, dans une telle circonstance, une partie considérable de leur gélatine était convertie en ammoniaque (1), ce qui rendait la dissolution gélatineuse obtenue tout-à-fait impropre à la nourriture de l'homme; nous avions, en outre, éprouvé les graves inconvéniens qu'entraîne l'emploi des appareils de compression, lorsque l'on veut augmenter la capacité de ces chaudières, et nous avions été amené, tout naturellement, à changer le système de construction de ces appareils. Nous prîmes à ce sujet un brevet d'invention et de perfectionnement, le 7 mars 1817. C'est de ce brevet, dont la durée est expirée, et qui se trouve publié (2) dans le tome 14, page

(1) La formation de l'ammoniaque, dans cette circonstance, est si difficile à éviter, qu'il y a lieu d'espérer que l'on parviendra à obtenir toute l'ammoniaque que les matières animales ou azotées peuvent fournir, sans les soumettre à la distillation et en les traitant tout simplement, par l'eau, sous la double influence d'une haute pression et d'une température élevée.

(2) La publication légale de ce brevet a été faite par extrait,

264, de la Description officielle des brevets d'invention, que nous extrairons la plupart des renseignemens que nous allons donner relativement au procédé dont il s'agit.

CHAP. V. *Description du procédé actuellement employé à l'hôpital de la Charité, pour y extraire en grand la gélatine contenue dans les os, et pour y préparer environ mille rations gélatineuses par jour.*

Le procédé dont il s'agit, et qui sert de base au brevet dont nous avons parlé à la fin du chapitre précédent, consiste à exposer les os à l'action de la vapeur ayant une faible tension, et doit le succès qu'il procure à ce que la vapeur, en se condensant jusque dans les pores des os, commence à en expulser la graisse, et en dissout ensuite successivement toute la gélatine : c'est la mise en fabrique d'un ancien procédé pharmaceutique, oublié dans les officines, dont on a évidemment méconnu la portée, mais qui se trouve cité à la page 108 des *Elémens de pharmacie* de Baumé, édition de 1790. Voici comme nous avons régularisé et appliqué en grand ce procédé.

---

contrairement au vœu de la loi, la rédaction et l'impression de cet extrait ont été, d'ailleurs, si mal soignées, que nous conseillons aux personnes qui voudraient prendre connaissance de ce brevet, d'aller en demander l'original au Conservatoire des Arts et Métiers : voyez à ce sujet la réclamation que nous avons fait insérer dans le tome XXVII, page 264, du *Bulletin de la Société d'encouragement.*

L'expérience nous ayant appris qu'il faut au moins quatre jours pour extraire, par ce moyen, la gélatine des os, lorsqu'on tient à l'avoir de bonne qualité, nous avons composé l'appareil de quatre vases d'égale capacité : ces vases se voient en plan, aux lettres A, B, C, D, de la figure 1, planche 2, et en élévation, aux mêmes lettres de la figure 2. Cela dit, rien n'est plus facile que de bien entendre le jeu de cet appareil.

On prend des os frais ou des os conservés par un des procédés que nous avons indiqués dans le chapitre III; on broie convenablement ces os, s'ils ne le sont pas assez, au moyen de la masse et du tas que l'on voit en *a*, *b*, *c*, *d*, figure 1, planche 1; on en remplit le panier fait en fil de fer étamé, dont on voit une élévation à la figure 6; on introduit ce panier dans le premier cylindre A, on place le couvercle de ce cylindre, et on en assure la fermeture, soit au moyen d'un poids suffisant, soit en étrésillonnant ce couvercle ou en l'assujétissant au moyen d'un étrier garni d'une vis de pression ou d'un coin, soit en se servant tout simplement de l'ustensile que les blanchisseurs nomment *épingle*, et qui est indiqué en *b*, figure 8; ou, encore mieux, de l'ingénieuse fermeture dont on doit l'idée à M. Moulfarine, qui est représentée en *a*, *b*, *c*, figure 5, et que l'on voit appliquée en *i*, *i*, *i*, *i*, figure 3, planche 1, et figure 2, planche 2. Cela fait, il suffit d'introduire la vapeur dans le cylindre chargé d'os pour que bientôt après on en puisse retirer, par le robinet *f*, la graisse et la gélatine que la vapeur extrait des os, en se condensant à leur surface et jusque dans leur intérieur. Les os s'épuisant en quatre jours de travail continu, on conçoit qu'en chargeant d'os un cylindre chaque jour, et en réunissant dans un même vase, à chaque tirage, les liqueurs qui s'écouleront en ouvrant à la fois les robinets des quatre cylindres, on arrivera à établir un ordre de travail régulier, à épuiser complètement les os, et à en obtenir constamment une dissolution gélatineuse de la même force, toutes conditions qu'il fallait remplir pour rendre le service de l'appareil aussi avantageux que possible. Rien de plus facile que de placer les paniers remplis d'os dans les cylindres, et de les en retirer lorsque les os sont épuisés de gélatine; il suffit, pour les y placer, d'accrocher l'anse du panier rempli d'os au crochet d'un moufle, mobile roulant sur une tringle fixée au plafond, à l'aplomb des centres des quatre cylindres, comme on le voit en *o*, figure 2 et 3, planche 2; d'enlever le panier de manière à ce que son fond soit élevé à un ou deux décimètres au-dessus des cylindres; de faire glisser la gorge du moufle sur la tringle pour amener le panier au-dessus et à l'aplomb du cylindre vide, où l'on veut le placer, et enfin de l'y descendre, en laissant filer peu à peu la corde du moufle : la même manœuvre, faite en sens contraire, sert avec tout autant de facilité à enlever de dedans les cylindres les paniers chargés d'os épuisés, et à les descendre à droite ou à gauche de l'appareil, jusque sur le sol de l'atelier. On voit, d'après ce qui vient d'être dit, que la marche de l'appareil étant régularisée dès le quatrième jour de travail, son service ne consiste plus qu'à remplir chaque jour un panier d'os concassés, qu'à ouvrir le cylyndre où les os sont restés quatre jours exposés à l'action de la vapeur, qu'à en retirer le panier chargé d'os épuisés, qu'à le remplacer par le panier chargé d'os neufs que l'on doit préparer d'avance, et enfin qu'à refermer exactement ce cylindre pour y introduire de nouveau la vapeur. Nous allons donner dans le chapitre suivant quelques détails, qui éclairciront ce qui a été dit jusqu'ici, et qui, joints aux renseignemens contenus dans la légende explicative des planches de ce Mémoire, ne laisseront sans doute rien à désirer aux personnes qui voudront faire usage de l'appareil dont il s'agit.

CHAP. VI. — *Des précautions à prendre pour obtenir de bons résultats, en se servant de l'appareil qui vient d'être décrit dans le chapitre précédent.*

L'avantage qu'il y a, dans toute opération manufacturière, à achever chaque partie du travail à des époques fixes et en des temps égaux, indique la nécessité d'avoir un cylindre et un panier de rechange, afin de ne pas être obligé d'interrompre la marche régulière de l'appareil, s'il survenait quelque réparation à y faire; le panier de rechange servira d'ailleurs chaque jour à introduire sans perte de temps les os neufs dans l'appareil.

Il est évident qu'on obtiendra d'autant plus facilement toute la gélatine de ces os, qu'ils seront réduits en morceaux plus menus, et qu'on opérera à plus haute température; nous ajouterons à ce sujet que les os que l'on veut employer doivent encore être d'autant mieux concassés ou broyés qu'ils seront plus compactes, surtout si la vapeur qui doit les attaquer n'a que peu de tension, et si l'on veut malgré cela en extraire promptement la gélatine.

La présence de la graisse dans les os donne lieu à un phénomène remarquable qui complique le procédé. En effet, cette graisse s'acidifie sous l'influence de la vapeur, de la température, de la pression, de l'eau liquide et de la chaux carbonatée, à l'action desquelles elle est exposée dans les cylindres; le carbonate de chaux qui se trouve dans les os est décomposé; l'acide carbonique se dégage, et il y a formation de savon de chaux, qui, étant insoluble, vient mettre obstacle à l'action de la vapeur et à la dissolution de la gélatine. Cette réaction nuit encore, en diminuant la quantité de graisse que les os pourraient fournir, et introduit d'ailleurs dans l'appareil un volume considérable d'acide carbonique, qui fatiguerait inutilement les cylindres, et qui doit par conséquent en être évacué. Il suit de ces observations qu'il faut s'opposer le plus possible à la réaction de la graisse sur la chaux carbonatée contenue dans les os: on arrivera assez bien à ce but, soit en dégraissant les os, convenablement broyés, et, avant de les placer dans les cylindres, en les faisant bouillir avec de l'eau dans une chaudière découverte, comme on le fait ordinairement, soit en les mettant tout de suite dans les cylindres, mais en ne les y exposant d'abord qu'à l'action de l'eau bouillante, ou à la vapeur non comprimée. On conçoit combien la formation d'une combinaison insoluble dans les pores des os peut apporter d'obstacles à l'opération; il faut donc éviter cet inconvénient par tous les moyens possibles, et c'est pour cela qu'il serait nécessaire, en opérant sur des os très chargés de graisse, de les bien concasser, et de bien ménager la chaleur, si l'on ne voulait pas les dégraisser préalablement par un des deux moyens que nous avons indiqués plus haut.

Nous avons dit précédemment que, lorsqu'on opérait à haute température, les élémens de la gélatine réagissaient les uns sur les autres, et qu'il y avait alors formation d'ammoniaque : cette décomposition donne aussi lieu à la production d'une quantité relative d'acide carbonique; d'où suit encore la nécessité de n'employer que de la vapeur à faible tension, et de prendre en outre le parti de réduire les os en menus morceaux, et de ne les attaquer que lentement.

La condensation de la vapeur dans les cylindres doit s'opérer différemment suivant la force de la dissolution gélatineuse que l'on veut obtenir. Si l'on demande une liqueur ne contenant qu'autant de matière animale qu'il s'en trouve dans le bouillon à la viande, c'est-à-dire de 1 à 2 pour cent, on arrivera à ce but en laissant les cylindres à nu, en les refroidissant convenablement, et en entr'ouvrant les quatre robinets, de manière à laisser sortir continuellement la dissolution, sans cependant laisser perdre de vapeur, et sans diminuer la tension qu'elle a dans l'appareil.

Si l'on voulait avoir une dissolution gélatineuse se prenant en gelée, il faudrait au contraire travailler à plus basse température, en employant des os réduits en morceaux plus menus et préalablement dégraissés, en couvrant les cylindres de leurs enveloppes de laine, en évitant les courans d'air froid, en diminuant le plus possible la condensation de la vapeur, et en ouvrant les robinets des cylindres, d'autant moins souvent par 24 heures, que l'on voudrait obtenir de la dissolution gélatineuse plus concentrée.

On conçoit qu'au moyen de ces combinaisons, on doit arriver facilement à atteindre le but qu'on se propose : nous allons, d'ailleurs, pour plus de clarté, résumer les conditions qu'il faut réunir pour obtenir de bons résultats, en se servant de l'appareil dont il s'agit.

1° Les os doivent être concassés en menus morceaux; il faut les broyer d'autant mieux qu'ils sont plus compactes, plus chargés de graisse, et qu'ils doivent être épuisés plus promptement ou à plus basse température.

2° Les os broyés doivent être dégraissés préalablement, soit au moyen de l'eau bouillante, dans une chaudière ordinaire, soit dans les cylindres, en y introduisant de la vapeur non comprimée, ou peut-être même de l'eau que l'on y ferait chauffer par le moyen de la vapeur.

3° La vapeur d'eau doit être d'autant moins comprimée, et la durée de l'opération doit être d'autant plus prolongée, que l'on veut obtenir de la gélatine plus pure, et se prenant mieux en gelée.

4° On doit s'opposer d'autant plus à la condensation de la vapeur dans les cylindres, qu'on veut y obtenir de la dissolution gélatineuse plus concentrée; on peut agir en sens inverse, si la dissolution de gélatine ne doit servir qu'à remplacer le bouillon, ou à animaliser des alimens de nature végétale.

5° On conçoit que l'on peut augmenter notablement le produit de l'appareil, sans dépenser plus de combustible, en n'y préparant que des dissolutions gélatineuses très concentrées; l'on peut d'ailleurs réduire ces dissolutions à la force convenable, en y ajoutant de l'eau bouillante au moment de leur emploi.

6° Tout ce qui précède indique que, dans le procédé dont il s'agit, la tension de la vapeur doit varier selon l'effet que l'on veut produire; l'expérience a cependant prouvé qu'il était en général avantageux de ne pas employer de la vapeur à plus de 106 ou 107 degrés centigrades, c'est-à-dire faisant équilibre à une colonne de mercure ayant plus de 960 millimètres de hauteur; les robinets placés sur chacun des tuyaux qui servent à introduire la vapeur dans les cylindres donnent, d'ailleurs, toute facilité, pour faire varier à volonté la tension de la vapeur qui y est mise en contact avec les os; il faut donc avoir soin d'en régler convenablement l'ouverture, ce qui sera facile en consultant les thermomètres, que l'on peut placer en *g* sur chaque cylindre, comme on le voit à la figure 3, planche 1, ou mieux à l'extrémité du tuyau qui amène la vapeur dans l'appareil, comme cela est indiqué en *p*, fig. 2, planche 2.

Nous n'insisterons pas davantage sur ces considérations; l'usage journalier de l'appareil apprendra bientôt quelles sont les combinaisons les plus avantageuses que l'on peut faire intervenir dans son service. Nous terminerons ce chapitre en recommandant bien de tenir l'appareil très propre, et de ne recevoir la dissolution gélatineuse que dans des vases en fer-blanc, ou en grès bien cuit. Ces vases doivent être échaudés fréquemment, car l'expérience a appris que la propreté de ces ustensiles contribuait beaucoup à la conservation des gelées ou des dissolutions gélatineuses qu'on y laisse séjourner.

Chap. VII. — *De la dissolution gélatineuse que l'on obtient, au moyen de l'appareil dont il s'agit dans ce Mémoire, et des différens usages que l'on en peut faire.*

C'est pour nous conformer à l'usage établi, et

surtout pour abréger nos descriptions, que nous avons quelquefois désigné sous le nom de *bouillon d'os* la dissolution gélatineuse que l'on obtient en se servant de notre appareil. Cette dissolution, qui n'a aucune saveur, n'est évidemment pas du bouillon, en prenant ce mot dans son acception ordinaire; mais, contenant autant de matière animale qu'on en trouve dans le meilleur bouillon à la viande, et pouvant être convenablement aromatisée, soit au moyen d'un peu de viande, soit avec des légumes, ou seulement avec quelques-unes de leurs graines, cette dissolution gélatineuse, considérée comme substance alimentaire, doit certainement prendre rang immédiatement après le bouillon à la viande, si l'on n'a point égard à son bas prix, et lui devient au contraire préférable, toutes les fois qu'on est forcé de prendre en considération la partie économique de la question.

La dissolution gélatineuse qui se produit au moyen de la condensation de la vapeur dans les cylindres, en sort parfaitement claire, si l'on tire la liqueur peu à peu et sans laisser sortir la vapeur par les robinets; elle ne coule trouble et chargée de la matière terreuse des os, que lorsque, donnant issue à la vapeur, on en accélère le passage à travers les cylindres, ce qui agite les os amollis, les fais frotter les uns contre les autres, et en détache du sous-phosphate de chaux. Cet inconvénient est facile à éviter, puisqu'il ne s'agit pour cela que de bien manœuvrer les robinets des cylindres (1).

La dissolution gélatineuse n'ayant aucune saveur et pouvant être facilement amenée au point de contenir cinq ou six centièmes de gélatine sèche, peut servir à préparer des gelées alimentaires au rum, à l'orange, au citron, etc. Il suffit en effet pour cela de la sucrer et de l'aromatiser convenablement (2). En la réduisant au point de ne contenir que 2 pour 100 de gélatine, on a une dissolution aussi chargée en matière animale, que

---

(1) On pourrait encore, pour obtenir des dissolutions gélatineuses bien claires, garnir le fond des cylindres de sable ou de charbon en poudre, en disposant ces substances comme on le fait ordinairement, lorsqu'on veut clarifier des liquides par simple filtration : lorsque la dissolution de gélatine sert à la préparation du bouillon aromatisé avec de la viande, elle se trouve d'ailleurs clarifiée par le moyen de l'albumine fournie au commencement de l'opération par la viande employée ; si cette albumine ne suffisait pas pour produire cet effet, on pourrait ajouter un peu de blanc d'œuf à la dissolution, avant de la faire chauffer : le bouillon écumé, comme de coutume, serait alors parfaitement clair.

(2) On peut rendre la préparation de ces gelées plus facile, surtout dans les pays chauds, en plaçant une quantité suffisante de gélatine pure et non déformée, extraite des os par le moyen de l'acide hydrochlorique, à la surface des os dans le cylindre chargé de la veille. Les os contenus dans ce cylindre, ayant été exposés à l'action de la vapeur pendant vingt-quatre heures, ne donnent plus de graisse, et fournissent une dissolution gélatineuse, qui, se trouvant fortifiée par la gélatine pure mise dans le cylindre, se prend alors facilement en gelée bien consistante.

l'est le meilleur bouillon de ménage, et l'on peut se servir de cette dissolution, soit pour *animaliser* tous les alimens de nature végétale, soit pour remplacer le bouillon à la viande, ce que l'on fait facilement en salant, en colorant et en aromatisant autant qu'il convient, cette dissolution gélatineuse. En la faisant évaporer jusqu'au point convenable, soit telle qu'elle sort des cylindres, soit après l'avoir aromatisée avec des légumes ou avec du jus de viande, on en obtient ou des tablettes de gélatine ou des tablettes de bouillon.

En épaississant convenablement la dissolution gélatineuse, on peut encore la faire entrer dans la préparation des farines de légumes cuits et séchés, comme le fait M. Duvergier; dans la fabrication du *ter-ouen* et des autres substances alimentaires extraites de la pomme de terre, comme M. Ternaux l'a fait pratiquer dans sa fabrique de Saint-Ouen; on peut aussi se servir de cette dissolution gélatineuse, pour animaliser le biscuit de mer (1), et enfin, pour fabriquer avec les farines avariées,

(1) Nous avons fait préparer des biscuits, ainsi animalisés, pour l'approvisionnement du bâtiment sur lequel M. de Durville achève maintenant le tour du monde; on connaîtra avant peu le résultat de cet essai. Les biscuits dont il s'agit contiennent chacun 10 grammes de gélatine; il suffit d'en mettre un dans un demi-litre d'eau bouillante, de colorer, de saler convenablement le mélange, d'y ajouter un peu de graisse et de l'aromatiser d'une manière quelconque, pour avoir un potage aussi nutritif que l'est une ration de soupe grasse, préparée avec du bouillon de viande.

ou avec la pomme de terre et le sucre de fécule, un pain à meilleur marché et aussi nutritif que le pain fait avec le meilleur froment (1).

Nous croyons pouvoir nous dispenser de parler de la salubrité et de la qualité nutritive de la dissolution gélatineuse, connue sous le nom de bouillon d'os. Cette partie importante de la question a été tant de fois résolue favorablement, soit par l'expérience acquise depuis les travaux de Papin, en 1681, soit par les hommes distingués et les juges compétens, qui, à différentes époques, ont eu à l'examiner, qu'il nous paraîtrait oiseux de citer à ce sujet les autorités imposantes dont nous pourrions invoquer ici le témoignage. Nous regardons la gélatine comme étant essentiellement nutritive; nous croyons qu'elle forme un aliment très salubre, et nous pensons qu'aucune substance animale n'est plus propre qu'elle à remplacer la viande dans la préparation du bouillon et, en général, pour animaliser les substances végétales non azotées, et les rendre ainsi plus utiles dans le régime alimentaire. Nous ne connaissons pas un fait qui puisse être cité contrairement à cette manière de voir, et il n'a fallu rien moins que cette conviction intime, pour nous encourager dans la longue série de travaux que nous avons eu à faire sur les os, pour en approprier définitivement, par

---

(1) Nous nous occupons en ce moment de recherches relatives à la fabrication de cette espèce de pain; nous espérons pouvoir publier avant peu une note détaillée à ce sujet.

deux procédés différens, la substance animale à la nourriture de l'homme.

Nous avons à citer ici une observation importante qui a été faite par M. Braconnot, relativement à l'emploi alimentaire de la dissolution gélatineuse. Cet habile chimiste a émis l'opinion que les sels provenant de la viande contribuent, beaucoup plus qu'on ne pense, à la saveur agréable du bouillon (1). Quelques essais faits à ce sujet ont complètement justifié cette manière de voir, et nous ont conduit à saler la dissolution gélatineuse, toutes les fois qu'il faut lui ajouter cet assaisonnement, non pas avec du sel marin pur, comme on l'a fait jusqu'ici, mais avec un mélange salin analogue à celui qui relève la saveur du bouillon à la viande. M. Petroz, pharmacien en chef de l'hôpital de la Charité, a fait à ce sujet de nombreux essais comparatifs, et s'est assuré qu'un mélange de trente parties de chlorure de potassium et de soixante-dix parties de sel marin remplit parfaitement le but proposé. Nous avons nous-même vérifié la bonté de ce moyen, et nous conseillons bien de ne saler à l'avenir les alimens animalisés avec la gélatine, en remplacement du bouillon à la viande, qu'avec le mélange salin dont nous venons de donner la composition, et que l'on pourra d'ailleurs se procurer facilement, et à bas prix, chez ceux de MM. les pharmaciens, qui sont en même

(1) Voyez Annales de Chimie et de Physique (1821) tome 17, pag. 390.

temps fabricans de produits chimiques (1). Nous allons terminer ce chapitre en donnant les recettes qui nous ont le mieux réussi pour convertir en bon bouillon la dissolution gélatineuse prise à la sortie des cylindres.

Recettes pour préparer du bouillon avec la dissolution gélatineuse provenant du traitement des os par le moyen de la vapeur comprimée.

On sait que le meilleur bouillon de ménage ne contient que de 1 à 2 centièmes de substance animale ; c'est donc à ce titre, ou à ce degré de force, qu'il faut employer la dissolution gélatineuse que l'on veut convertir en bouillon.

Nous supposerons d'abord que l'on veuille aromatiser le bouillon de gélatine seulement avec des légumes, et sans employer de viande. On peut arriver à ce but par deux procédés différens.

La dissolution, contenant environ 20 gr. de gélatine sèche par litre, doit être salée convenablement, en faisant usage du sel préparé dont nous avons donné ci-dessus la composition. On colore ensuite la dissolution gélatineuse, en y ajoutant

---

(1) M. Pétroz a essayé d'ajouter du phosphate de potasse au mélange salin dont il s'agit, mais il a reconnu que les plus petites quantités de ce sel nuisaient à la saveur du bouillon. M. Braconnot avait cependant trouvé, en analysant le cœur de bœuf, que la quantité de phosphate de potasse y était à la quantité de chlorure de potassium dans la proportion de 46 à 38.

soit du caramel, soit une forte décoction de carotte brûlée ou d'ognon grillé (1); on y met assez de graisse de pot ou de saindoux pour qu'il en reste à la surface du bouillon, et on l'aromatise avec de l'oseille cuite, ou avec toute autre préparation analogue.

On peut encore préparer cette espèce de bouillon, en faisant cuire à petit feu 1 kilog. de légumes, tels que panais, carottes, ognons, poreaux et céleri, dans 5 litres de dissolution gélatineuse convenablement salée avec le sel préparé, et à laquelle on ajoute d'avance trois clous de girofle et une quantité suffisante de graisse de pot ou de saindoux : on colore ensuite le bouillon comme on le fait de coutume; on le retire du feu, lorsque les légumes sont bien cuits, et on achève de l'aromatiser, soit avec un peu d'oseille cuite, soit en y ajoutant d'autres légumes cuits et coupés en petits morceaux. On obtient facilement par ces deux procédés, et sans employer de viande, un bouillon aussi nutritif que le bouillon ordinaire, et qui a à peu près la même saveur que ce bouillon lorsqu'on y a ajouté de l'oseille, ou lorsqu'on s'en est servi pour préparer une *julienne* (2).

---

(1) On peut conserver facilement cette décoction en la concentrant et en la salant convenablement avec le mélange salin dont nous avons parlé plus haut.

(2) Nous ajouterons ici une note qui nous a été remise à ce sujet par M. Pétroz.

« Prenez 14 litres de dissolution gélatineuse, mettez-y un « kilogramme de légumes, ognons, carottes, poreaux, navets,

Si l'on veut aromatiser la disolution gélatineuse au moyen de la viande, il faut opérer comme il suit :

On prendra 5 litres de dissolution de gélatine, on les mettra dans une marmite avec 500 grammes ou une livre de viande désossée et contenant un peu de graisse ; on salera le pot avec le mélange salin dont nous avons parlé plus haut ; on écumera le bouillon ; on y ajoutera 750 grammes ou une livre et demie de légumes, tels que panais, carottes, ognons et céleri : on y mettra ensuite trois clous de girofle, et une quantité suffisante de graisse de pot ou de saindoux. Il ne restera plus qu'à colorer le bouillon, comme de coutume, avec un ognon grillé ou du caramel, et à faire mijoter, ou bouillir légèrement, le mélange, jusqu'à ce que la viande soit assez cuite. L'opération est alors achevée, et fournit, si elle a été bien conduite, au moins 4 litres de bouillon gras, les légumes cuits dans le pot, et environ 250 grammes ou une demi-livre de bouilli. On a fait ainsi autant de bouillon gras qu'on en pourrait obtenir avec 2 kil. ou 4 livres de viande ; on a donc économisé, ou mis

---

« céleri ; ajoutez une gousse d'ail, trois ou quatre clous de gi-
« rofle, un ognon brûlé, et 150 grammes de mélange salin, et
« faites chauffer le tout jusqu'à parfaite cuisson des légumes ;
« on obtient ainsi les légumes cuits, et 10 litres de bon bouillon. »

On voit ici qu'il faut, pour saler convenablement le bouillon de gélatine, mettre environ 11 grammes de mélange salin par litre de la dissolution gélatineuse employée, ou 15 grammes de ce sel par litre du bouillon obtenu.

à part, 1500 grammes ou 3 livres de viande que l'on peut faire rôtir ou apprêter de toute autre manière, ou bien, dont on peut employer la valeur à l'achat de tout autre aliment plus substantiel ou plus agréable que ne l'est la viande bouillie. On voit combien l'emploi de la dissolution gélatineuse, pour la préparation du bouillon, présente peu de difficulté : quant à s'en servir pour animaliser les alimens de nature végétale, la chose est encore plus simple, puisqu'il n'y a alors qu'à employer la dissolution gélatineuse, au lieu d'eau, pour opérer la cuisson de ces alimens, que l'on sale comme nous l'avons dit ci-dessus, et que l'on assaisonne d'ailleurs absolument comme on a coutume de le faire (1).

Chap. VIII. — *De la graisse que l'on extrait des os provenant de la viande de boucherie.*

Lorsqu'on expose des os frais dans notre appareil, la vapeur qui agit sur eux fait entrer en fusion la graisse qu'ils contiennent, facilite sa sortie de l'intérieur de chacun des os, et chasse cette graisse au dehors des cylindres, par les robinets qui sont placés à leur partie inférieure. Cet effet a lieu dès le commencement de l'opération, et le

(1) Il sera fort utile de consulter, à ce sujet, le rapport de la Faculté de Médecine que nous avons cité, en note, au bas de la page 17, et surtout l'ouvrage de M. Fournier, ayant pour titre : *Essai sur la préparation des substances alimentaires* (1818).

dégraissage des os, par ce procédé, est si tôt achevé et si facile, que nous le regarderions comme étant très avantageux s'il n'entraînait pas la perte d'une grande partie de la graisse, en la convertissant en savon calcaire; mais la graisse que fournissent les os frais ayant, pour les hôpitaux, la même valeur que le beurre, et devant même, selon les réglemens, y être employée de préférence, on conçoit combien il est important d'obtenir la plus grande quantité possible de ce produit. Il est donc essentiel, déjà, sous ce rapport, de bien soigner l'opération dont il s'agit. Il en est de même relativement à la qualité de la graisse extraite des os; car elle est d'autant meilleure, comme substance alimentaire, qu'elle a été exposée à une température moins élevée; on a donc un double intérêt à ne pas dégraisser les os dans notre appareil. Nous n'hésitons pas, d'après ces considérations, à conseiller de dégraisser les os à part, toutes les fois qu'on le pourra, avant de les mettre dans les cylindres, et en les traitant seulement par l'eau bouillante, comme on le fait ordinairement. En broyant bien les os avant cette opération, on obtiendra presque toute la graisse qui s'y trouve, et on évitera les inconvéniens dont nous avons parlé plus haut. Si, cependant, on se trouvait obligé d'opérer le dégraissage des os dans les cylindres mêmes, il faudrait alors n'y employer, comme nous l'avons déjà dit, que de la vapeur atmosphérique, ou seulement de l'eau chauffée à 90 ou 95 degrés par le moyen de la vapeur. En prenant ces précautions, et en n'opérant que sur des os frais, sans mélange d'os de mouton, ou d'os provenant de viande rôtie ou grillée, on obtiendra de la graisse ayant une saveur agréable et qui conviendra bien pour l'assaisonnement des substances alimentaires : quant à la graisse que l'on obtiendra en traitant à part les os de mouton et ceux de viande rôtie ou grillée, on ne doit l'employer aux usages de la cuisine que lorsqu'on ne lui trouvera pas de saveur désagréable ; dans le cas contraire, on pourra s'en servir pour fabriquer du savon, ou la destiner à d'autres usages pour lesquels on recherche ordinairement cette espèce de corps gras. Si l'on voulait conserver la graisse extraite des os pour l'usage alimentaire, il faudrait la faire fondre au bain-marie, la passer dans un linge, ou dans un tamis fin, pour en séparer les esquilles d'os, et la laver avec soin, au moyen de l'eau chaude, pour en enlever toute la gélatine ; on aurait ensuite à exposer cette graisse au bain-marie, pendant quelques instans, et à la tirer à clair pour la séparer de l'eau sur laquelle elle surnagerait, et à la saler, ou bien à la conserver, soit par le procédé d'Appert, soit en la renfermant dans des vessies bien préparées.

Chap. IX. — *Du résidu que donnent les os après être restés, pendant quatre jours, exposés, dans les cylindres, à l'action de la vapeur comprimée.*

Ce que nous avons dit jusqu'ici indique que l'épuisement des os, en quatre jours de travail, dans l'appareil dont il s'agit, doit dépendre de leur texture, de la manière dont ils ont été broyés, de la tension de la vapeur employée, du plus ou moins de savon de chaux qui se forme dans les os frais au moment où on les soumet à l'action de la vapeur, et de la manière dont la condensation de la vapeur s'opère dans les différentes parties de l'appareil. On conçoit, d'après cela, que toutes les conditions favorables doivent être réunies avec soin, si l'on veut obtenir de bons produits, et parvenir à extraire toute la gélatine et le plus de graisse possible des os renfermés dans les cylindres. Le résidu qu'on y trouve, après quatre jours de travail, est toujours très cassant, et même facile à réduire en poudre; ce résidu osseux, lavé à l'eau chaude et séché, contient souvent encore un peu de gélatine; mais cette substance s'y trouve ordinairement en très petite proportion; quelquefois les os ne fournissent plus d'ammoniaque à la distillation, et s'ils brûlent encore avec une légère flamme lorsqu'on les expose sous le moufle d'un fourneau à coupelle, c'est seulement en raison du savon de chaux qu'ils contiennent, et presque toujours sans dégager sensiblement l'odeur qui accompagne la combustion des substances azotées.

Les os, complètement épuisés de gélatine par le moyen de la vapeur, étant bien lavés, séchés et pulvérisés, se *mouillent* difficilement lorsqu'on les plonge dans l'eau; on en sépare de la graisse en les traitant par excès d'acide hydrochlorique, et l'essence de térébenthine en enlève du savon de chaux. Nous avons analysé un grand nombre d'échantillons de ce résidu osseux; le plus épuisé que nous ayons trouvé contenait par quintal :

Résidu terreux.	92
Matière combustible.	8
	100

ce qui indique que l'on avait converti en savon de chaux et, par conséquent, perdu environ 4 ou 5 kilogrammes de graisse par quintal métrique des os d'où provenait ce résidu.

Les os sortant de l'appareil n'étant pas toujours aussi complètement épuisés, et contenant, d'ailleurs, tout leur phosphate de chaux, et une quantité très notable de savon calcaire, pourraient peut-être servir d'engrais, ou au moins d'amendement, pour les terres où l'on cultive les céréales. Il est à désirer que d'habiles agriculteurs veuillent tenter quelques essais dans le but de résoudre cette intéressante question (1). Si ces essais ne donnaient point de bons résultats, il resterait à employer le résidu dont il s'agit pour la préparation du phosphore; pour la fabrication des coupelles, qui en serait grandement améliorée; pour

(1) Nous avons pris 100 kilog. de ce résidu osseux, contenant, au cent, 10 de matière combustible, et ne donnant que très peu d'ammoniaque à la distillation; 50 kilog. de ce résidu ont été enfouis au pied d'un arbre, à trois décimètres de profondeur, et les 50 autres kil. ont été éparpillés sur un sol fré-

le polissage des métaux, et, en y remplaçant la gélatine par une matière combustible azotée, telle que du savon, à base de soude ou de potasse, fait avec du vieux cuir, des muscles d'animaux, des débris de poissons, etc., à tenter de les rendre propres à être convertis, par le moyen de la calcination à vase clos, en charbon décolorant de bonne qualité.

CHAP. X. — *De la production de la vapeur dont on a besoin pour extraire la gélatine des os renfermés dans les cylindres.*

Les moyens les plus économiques de se procurer la vapeur dont on a besoin pour faire fonctionner l'appareil dont il s'agit, sont, sans contredit, de le joindre aux chaudières à vapeur d'une machine à feu, d'un chauffage à la vapeur, ou de tout autre appareil nécessitant l'emploi continuel de la vapeur d'eau, ou bien d'utiliser à cet effet la chaleur perdue partout où l'on brûle du combustible pour n'opérer qu'à la chaleur rouge, comme cela a lieu dans tous les arts où les opérations se pratiquent à cette haute température. C'est ainsi,

quemment arrosé. Nous avons analysé, sept années de suite, des échantillons moyens de ces os, sans remarquer de changement notable dans leur constitution; nous continuons à suivre cette expérience dont le résultat paraît devoir être fort décourageant : peut-être obtiendrait-on plus de succès en employant ce résidu osseux comme simple amendement, après l'avoir réduit en poudre fine, ce qui se ferait avec la plus grande facilité.

par exemple, que l'on peut obtenir de la vapeur d'eau presque gratuitement dans les forges, dans les verreries, dans les fonderies où l'on fait usage des fours à réverbères, des fourneaux de cémentation, du fourneau à manche, ou du fourneau à coupelle. Il en est de même dans les usines d'éclairage, et près des fours à chaux à travail continu. Lorsqu'aucun de ces moyens économiques ne sera applicable, il faudra alors produire la vapeur dont on aura besoin, au moyen d'une chaudière destinée seulement à cet usage. Voici quelles seront, dans ce cas, les règles à suivre pour l'établissement de cet appareil.

Sachant combien de litres de dissolution gélatineuse on voudra obtenir par jour, on connaîtra la quantité d'os qu'il faudra employer par 24 heures; on calculera la capacité des cylindres d'après cette donnée que l'hectolitre d'os concassés en menus morceaux pèse 48 kilogrammes. Chaque cylindre ayant en hauteur, par exemple, trois fois son diamètre, il sera facile d'en calculer la surface: cette mesure connue conduira à la détermination de la quantité de vapeur dont on aura besoin, et, par suite, à la fixation des dimensions à donner à la chaudière à vapeur et à son fourneau.

Supposons, par exemple, que l'on ait à faire établir un appareil semblable à celui qui fonctionne maintenant à l'hopital de la Charité, et qui doit produire environ mille rations gélatineuses par jour, il faudrait que chaque cylindre eût 1 mètre de hauteur, sur 0^{m}, 333 de diamètre, afin qu'il pût cuber 84 litres, et contenir environ 40 kilogrammes d'os. Chacun de ces cylindres, ayant à peu près un mètre carré de surface exposée à l'air, condenserait environ 1500 grammes d'eau par heure; il faudrait réduire en vapeur à peu près 6 kilogrammes d'eau par heure, pour faire fonctionner à la fois les 4 cylindres. On arriverait à ce but, au moyen d'une chaudière dont le fond aurait 10 décimètres carrés de surface, et sous laquelle on brûlerait 1 kilogramme de houille de bonne qualité, par heure: mais l'expérience ayant prouvé qu'une chaudière d'une aussi petite capacité exigerait trop de soins pour produire régulièrement la quantité de vapeur indiquée, et sachant d'ailleurs qu'il faut produire momentanément une grande quantité de vapeur pour porter les os à la température convenable, après les avoir introduits dans l'appareil, nous conseillons de tripler la capacité de la chaudière dont il s'agit, et nous recommandons en outre d'en régulariser le chauffage, au moyen de l'ingénieux appareil inventé par M. Bonnemain, et connu sous le nom de régulateur du feu (1), ou en faisant usage du procédé ordinairement employé pour régler la combustion, dans les fourneaux des machines à vapeur bien organisées (2).

---

(1) Voyez la description de ce régulateur dans le *Bulletin de la Société d'encouragement*, tome XXIII, page 238.

(2) Cet appareil se trouve décrit dans le *Traité de la chaleur*, publié par M. Péclet. (*Voyez* tom. II, page 191, et planche 13 de cet ouvrage, fig. 102.)

Nous terminerons ce chapitre en faisant observer qu'il faut éviter avec soin de charger les chaudières à vapeur dont on veut se servir pour extraire la gélatine des os, avec de l'eau croupie ou chargée de sels ammoniacaux, et que l'on ne doit même employer, pour s'opposer à la formation de dépôts compactes dans ces chaudières, que des substances ne pouvant fournir aucune mauvaise odeur à la vapeur qui y est produite : on sent, en effet, que s'il en était autrement, on courrait risque d'obtenir des dissolutions gélatineuses ayant une saveur désagréable, et peût-être même tout-à-fait impropres à la nourriture de l'homme (1).

Chap. XI. — *Des différentes applications que l'on peut faire de l'appareil décrit dans ce Mémoire.*

Nous avons rassemblé dans ce qui précède tout ce qu'il nous a paru utile de dire relativement à la construction de l'appareil dont il s'agit et aux précautions à prendre pour en obtenir constamment de bons résultats ; il ne nous reste plus qu'à indiquer les principales applications que l'on peut faire de cet appareil : nous allons traiter cette partie de la question avec tout le soin qu'elle nous paraît mériter.

---

(1) Nous avons vu, en 1814, à la suite de l'invasion des troupes étrangères, l'eau du canal de l'Ourcq tellement chargée de sels ammoniacaux, que l'on fut obligé de cesser de donner des bains de vapeur, au moyen de cette eau, dans le grand appareil de l'hopital Saint-Louis.

Pour réunir en un seul exemple les usages auxquels on peut appliquer notre appareil, nous le supposerons établi à bord d'un vaisseau naviguant sur mer, par le moyen de la vapeur, et nous supposerons ce bâtiment approvisionné d'os enrobés de gélatine et rendus conservables par ce procédé.

Si cet appareil avait les dimensions de celui qui est établi à l'hopital de la Charité, et qui a en tout 4 mètres carrés de surface, il est évident qu'en laissant les 4 cylindres vides, mais fermés, on pourrait en y introduisant la vapeur provenant de la chaudière alimentée avec l'eau de la mer, obtenir des 4 cylindres, suivant qu'on y condenserait la vapeur au moyen de l'air ou de l'eau, 6 litres ou 400 litres d'eau potable par heure.

En plaçant des os concassés dans les 4 cylindres, comme nous l'avons expliqué dans les chapitres précédens, on obtiendrait, au lieu d'eau distillée et potable, environ mille rations de dissolution gélatineuse par vingt-quatre heures, et on aurait ainsi le moyen d'économiser les trois quarts de la viande dans la préparation du bouillon gras, et d'*animaliser* les soupes maigres et tous les alimens de nature végétale, que l'on fournirait à l'équipage. Il suffirait en effet, pour cela, d'employer, comme nous l'avons déjà dit, cette dissolution gélatineuse au lieu d'eau, dans la préparation de ces diverses substances alimentaires.

On a vu que l'appareil dont il s'agit pourrait fournir de la dissolution de gélatine sans saveur, assez concentrée pour se prendre en gelée par refroidissement, et convenable pour la préparation des gelées aromatisées avec les sirops de rum, de citron, d'orange, etc. On conçoit facilement tout l'avantage qui résulterait pour l'équipage de l'application de ce procédé qui améliorerait le régime alimentaire du marin, tout en y introduisant une espèce de luxe auquel les matelots ne sont pas accoutumés.

L'appareil dont nous parlons pourrait encore être employé pour cuire les légumes à la vapeur (1); car il suffirait pour cela de placer des légumes au lieu des os, dans les paniers de fil de fer, et de les exposer, pendant 30 ou 40 minutes, à l'action de la vapeur dans les cylindres. Nous dirons enfin que cet appareil peut aussi être considéré comme un moyen de chauffage puissant et bien convenable, soit pour entretenir une température agréable dans l'intérieur du vaisseau pendant l'hiver, soit pour y établir une étuve destinée, lors des mauvais temps, à faire sécher les vêtemens de l'équipage. L'appareil dont nous parlons, ayant 4 mètres carrés de surface, peut en effet élever continuellement de 20 degrés centigrades la température

(1) Nous n'avons pas voulu parler dans ce mémoire de l'usage que l'on pourrait faire de notre appareil pour blanchir le linge à la vapeur, pour faire rouir le chanvre et le lin, et enfin pour y obtenir, au moyen des os sales, des dissolutions gélatineuses qui pourraient servir à animaliser des résidus de betteraves et de pommes de terre, ou les autres substances végétales dont on fait usage pour engraisser les animaux qui servent à la nourriture de l'homme : nous nous occuperons plus tard de ces applications.

d'une salle, ayant 240 mètres cubes de capacité: on voit donc, en résumant ce qui vient d'être dit, que notre appareil placé dans un bâtiment naviguant sur mer, par le moyen de la vapeur, pourrait fournir à l'équipage de l'eau distillée et potable, de la dissolution gélatineuse égale en force au meilleur bouillon à la viande, de la dissolution de gélatine plus concentrée et propre à la préparation des gelées alimentaires; que cet appareil pourait aussi être employé pour faire cuire les légumes à la vapeur, et servirait en outre dans tous les cas à échauffer soit l'intérieur du vaisseau, soit une étuve qui y serait construite pour le service de l'équipage.

C'est sans doute à bord des bâtimens naviguant sur mer, par le moyen de la vapeur, que l'emploi de notre appareil peut présenter le plus d'avantage; mais son utilité ne sera pas beaucoup moins grande en l'établissant là où se trouve une machine à vapeur ou une chaudière à vapeur en activité; or, il est peu de grandes manufactures qui n'aient ou un chauffage à la vapeur, ou une pompe à feu pour le service de ses ateliers; on pourra d'ailleurs le faire fonctionner, sans grande dépense, en faisant usage pour cela d'une chaudière à vapeur, construite exprès, et ne servant qu'à cet usage, comme nous l'avons expliqué précédemment. Nous pourrions parler ici de l'utilité qu'il y aurait à établir dans les grandes villes des chauffoirs publics, servant de refuge en hiver, et citer avec avantage, à ce sujet, les facilités que notre appareil fournirait pour réaliser ce vœu de la philanthropie, puisqu'il procurerait, dans ce cas, et la chaleur nécessaire, et une nourriture aussi salubre qu'abondante. Nous pourrions insister aussi sur la nécessité d'animaliser les soupes économiques, et enfin sur la convenance de notre appareil pour préparer des bains gélatineux; mais nous ne nous appesantirons pas davantage sur les avantages du procédé que nous proposons: ce que nous avons dit en parlant de la conservation des os; la nécessité ou la convenance qu'il y a d'*animaliser* les substances végétales servant à la nourriture de l'homme; l'amélioration évidente que l'emploi de notre appareil peut apporter dans le régime alimentaire de la marine, des hôpitaux, et, en général, de toutes les grandes réunions d'hommes; les bénéfices que l'administration peut trouver en employant les os comme substance nutritive, tout doit nous faire espérer que le travail que nous publions ne sera pas sans influence sur l'amélioration du sort de la classe la moins fortunée et la plus nombreuse de la société; c'est ce motif qui nous a guidés: arriver à ce but serait pour nous la plus belle des récompenses.

Chap. XII. — *Légende explicative des figures jointes à ce Mémoire.*

Nous allons décrire avec soin les figures qui composent les deux planches que nous joignons ici; la lecture de cette légende fera facilement comprendre au lecteur les passages qui pourraient ne pas lui paraître assez développés dans les chapitres précédens.

Planche I.

Fig. 1, *a* Elévation du billot dans lequel est encastrée la plaque de fonte taillée en pointes de diamant sur laquelle on casse les os.

b. Plan de ce billot et de la plaque de fonte qui y est fixée solidement.

c. Plan du cadre en bois dont on entoure la plaque de fonte pour y retenir les os au moment où on les soumet à l'action de la masse que l'on voit à la fig. 2.

d. Élévation de ce cadre.

Fig. 2. Masse en bois dur, garnie en dessous d'une plaque de fonte taillée en pointes de diamant, ou d'un grand nombre de clous à têtes saillantes et pointues. Cette masse sert à casser les os placés sur le billot que l'on voit à la figure première.

Fig. 3. Coupe générale d'un des quatre cylindres composant notre appareil. Voici la description des parties principales qu'on y doit remarquer : A, corps du cylindre ; *a* Tuyau faiblement incliné, apportant la vapeur d'une chaudière à vapeur quelconque aux quatre cylindres ; il faut que l'eau condensée dans ce tuyau puisse retourner à la chaudière, ou au moins ne puisse pas couler dans les cylindres.

b. Tuyau particulier conduisant la vapeur dans le cylindre A.

c c. Continuation du tuyau *b.* Le tuyau *c* descend en dehors et le long du cylindre A, et conduit la vapeur jusque dans le fond de ce cylindre.

d. Robinet placé sur le tuyau *b*, et servant à régler l'introduction de la vapeur dans le cylindre A.

e. Raccordement à vis servant à réunir les tuyaux *b* et *c*, et facilitant à volonté l'enlèvement des cylindres, leur réparation ou leur nettoyage.

(Les tuyaux *a*, *b* et *c* doivent être garnis avec soin de lisière épaisse, pour empêcher leur refroidissement.)

f. Robinet placé à la partie inférieure du cylindre, pour l'écoulement de la dissolution gélatineuse.

g. Tubulure placée au centre du couvercle du cylindre, pour y placer à volonté un thermomètre ou un manomètre.

h. Couvercle du cylindre. Ce couvercle se réunit à la bride du cylindre en mettant entre deux une rondelle de carton, une corde *épissée*, de la lisière ou un ruban, et en comprimant les bords du couvercle *h*, contre la bride du cylindre, au moyen de l'anneau dont on voit la coupe en *i*, et dont on trouve les détails en *a*, *b* et *c*, fig. 5.

L'eau pure attaquant tous les métaux, il est essentiel de n'employer que des métaux salubres dans la construction des récipiens dont il s'agit; il faut donc que le tuyau *c c*, qui a sa pente du côté de l'appareil, et les quatre cylindres soient fabriqués en étain pur, en tôle bien étamée, ou mieux, en tôle doublée d'une feuille d'étain de deux ou trois millimètres d'épaisseur; il faut surtout y éviter la présence du cuivre et du plomb, afin de rendre ces appareils parfaitement salubres : nous ajouterons qu'ils doivent être construits assez solidement pour pouvoir résister, en cas de besoin, à la pression atmosphérique. On conçoit que le rapport à établir entre la hauteur et le diamètre des cylindres doit varier suivant la quantité de gélatine que l'on veut avoir en dissolution dans l'eau condensée. En effet, plus le cylindre aura de surface, relativement à son cube, plus il condensera d'eau par heure, et moins il contiendra d'os, et réciproquement: c'est au constructeur à avoir égard aux conditions qui lui seront imposées; il les remplira toujours facilement, surtout en se rappelant qu'il peut augmenter la condensation en peignant les cylindres en couleur matte et brune, et la diminuer, au contraire, en les couvrant d'enveloppes de laine d'épaisseur convenable; mais revenons à la description des figures.

Fig. 6. Élévation du panier garni de toile métallique en fil de fer étamé; c'est dans ces paniers que se placent les os qui doivent être exposés à l'action de la vapeur dans les cylindres; on voit en *a* l'anse par lequel on enlève le panier chargé d'os, au moyen de la poulie mouflée *o*, fig. 2 et 3, planche 2, quand il s'agit de le placer dans un cylindre, ou de l'en retirer après l'épuisement des os.

Fig. 7, *a*. Capsule en fer-blanc, pouvant servir

de couvercle aux cylindres, et s'y appliquant, comme on le voit en *b*, au moyen de l'anneau, fig. 5, ou comme le représente la fig. 8.

La capsule *a* sert à essayer la dissolution de gélatine, pour en reconnaître la force ou la richesse; il suffit, pour cela, de peser avec soin cette capsule, de la placer sur le cylindre, d'y mettre un demi-litre de la dissolution de gélatine dont on veut déterminer le titre, de laisser évaporer la liqueur à sec, et de repeser la capsule : l'augmentation de poids représente la quantité de gélatine sèche contenue dans un demi-litre de dissolution : l'usage de ce couvercle concave présente en outre l'avantage que l'eau produite par la vapeur, qui se condense sur la surface inférieure, se réunit à son centre, et vient tomber sur les os, au lieu de couler le long de la paroi intérieure du cylindre, comme cela a lieu lorsqu'on fait usage des couvercles convexes que l'on voit en *h*, fig. 3 et 8.

Fig. 8. Mode de fermeture employé et recommandé par M. Derosne. Ici le couvercle est réuni à la bride du cylindre au moyen d'une espèce de pince en fer, ayant la forme de l'ustensile en bois que les blanchisseurs nomment *épingle*, et dont ils se servent pour attacher le linge mouillé aux cordes de leurs étendages. On place ces pinces autour du couvercle, et on en augmente le nombre jusqu'à ce qu'on soit arrivé à éviter ainsi toute perte de vapeur.

Fig. 9. Outil servant à enlever du fond des cylindres, après chaque opération, les esquilles d'os et les autres débris qui peuvent y tomber; on voit en *a* l'élévation et en *b* le plan de cet outil.

PLANCHE II.

Fig. 1er. Plan général de l'appareil.

Nous allons décrire les parties qui le composent, en parlant des figures 2, 3 et 4.

Fig. 2. Élévation générale de l'appareil. On y voit en *A*, *B*, *C*, *D*, les quatre cylindres placés de front sur une banquette en bois, élevée au-dessus du sol de 0m,5. Les cylindres sont fixés solidement sur cette table, par leur partie inférieure, au moyen de quatre vis à bois que l'on voit en *d*, *d*, fig. 1re. La vapeur passe de la chaudière où elle est produite dans les quatre cylindres, en suivant le tuyau *a*, *a*. On voit en *g* les tubulures des couvercles *h*, et en *i* les brides annulaires qui réunissent les couvercles aux cylindres.

p représente le manomètre qui indique la tension de la vapeur dans l'appareil; on peut susbtituer à volonté à cet instrument un thermomètre marquant jusqu'à 110 ou 115 degrés centigrades.

On voit en *e*, à chaque cylindre, l'étiquette mobile qui y est attachée, et qui sert à indiquer l'ordre des chargemens. Les robinets *f* versent la dissolution de gélatine ou dans la gouttière générale *m*, *m*, d'où elle coule dans le vase *b*, ou bien dans les petites gouttières mobiles *n*, *n*, dont nous parlerons plus en détail en donnant la description de la fig. 4.

Fig. 3. Élévation de l'appareil vu de profil.

Le panier rempli d'os est ici représenté élevé au-dessus du cylindre dans lequel il doit être placé : on voit comment se pratique cette opération, au moyen de la poulie mouflée *o*, et on distingue bien, dans ce dessin, comment la vapeur qui arrive de la chaudière est conduite par les tuyaux *a*, *b*, *c*, *c*, jusque dans le fond du cylindre. Les lettres *f*, *m* et *n*, représentent le robinet, la gouttière générale et la gouttière mobile, qui servent à retirer la dissolution de gélatine de dedans le cylindre, et à la conduire dans les récipiens destinés à la recevoir.

Fig. 4. Vue de profil, sur une échelle double, du robinet *f* et des gouttières *m* et *n* : on voit bien ici comment la gouttière *n*, étant mobile sur son tourillon *p*, peut servir à conduire à volonté la dissolution de gélatine qui coule par le robinet *f*, soit dans la gouttière générale *m*, soit en dehors de cette gouttière, et dans un autre vase que le seau *b*, fig. 2 et 3. Cette gouttière mobile est d'un usage fort commode; en effet, elle sert à ne pas mélanger dans la dissolution de gélatine pure que l'on reçoit dans le vase *m*, les eaux de lavage des os, ou la première portion de graisse qui coule au moment où l'on vient de charger un cylindre. Cette gouttière mobile sert encore à rejeter au dehors l'eau de lavage des cylindres lorsqu'on les nettoye, ou l'eau condensée qui s'accumule dans les cylindres, lorsqu'on y cuit des légumes au moyen de la vapeur.

Nous terminerons ici la description des figures que nous avons cru devoir joindre au texte; nous espérons n'avoir rien oublié d'essentiel; nous conseillons d'ailleurs d'étudier cette description, avant de prendre connaissance du Mémoire, afin d'en bien comprendre tous les détails dès la première lecture.

Paris, imprimerie de Gaultier-Laguionie.

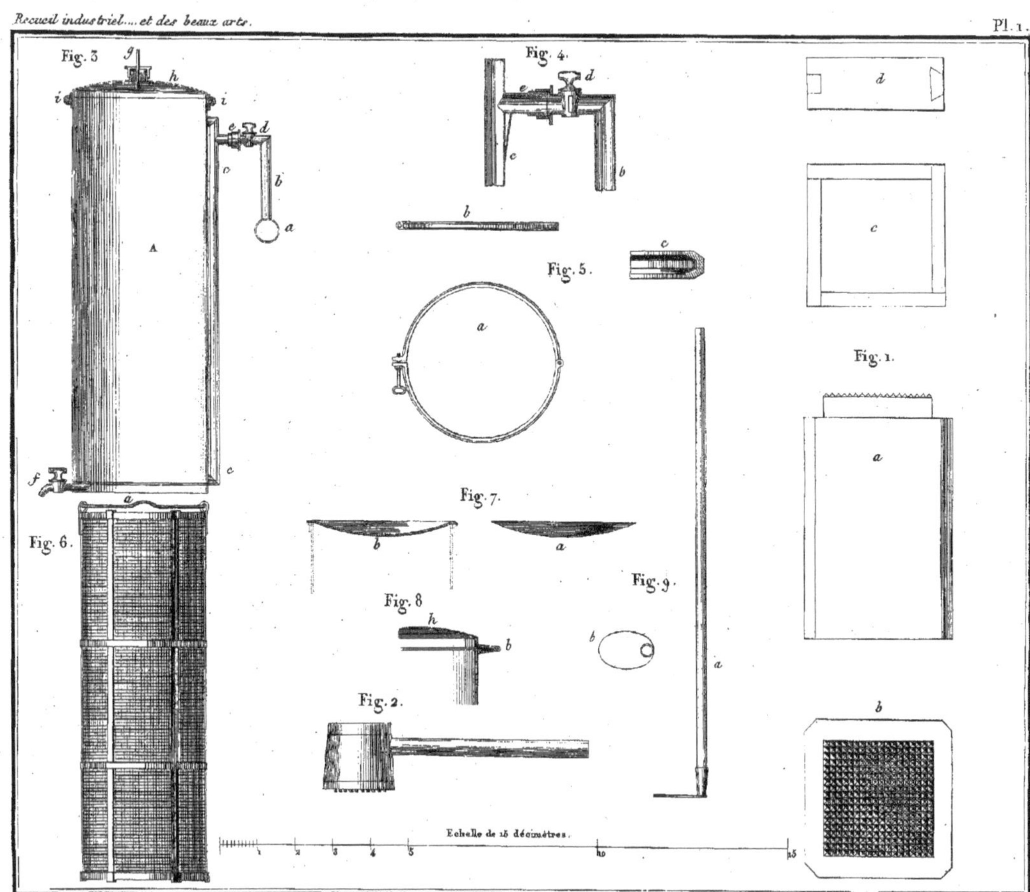

Gravé par Adam. Dessiné par De Moléon.

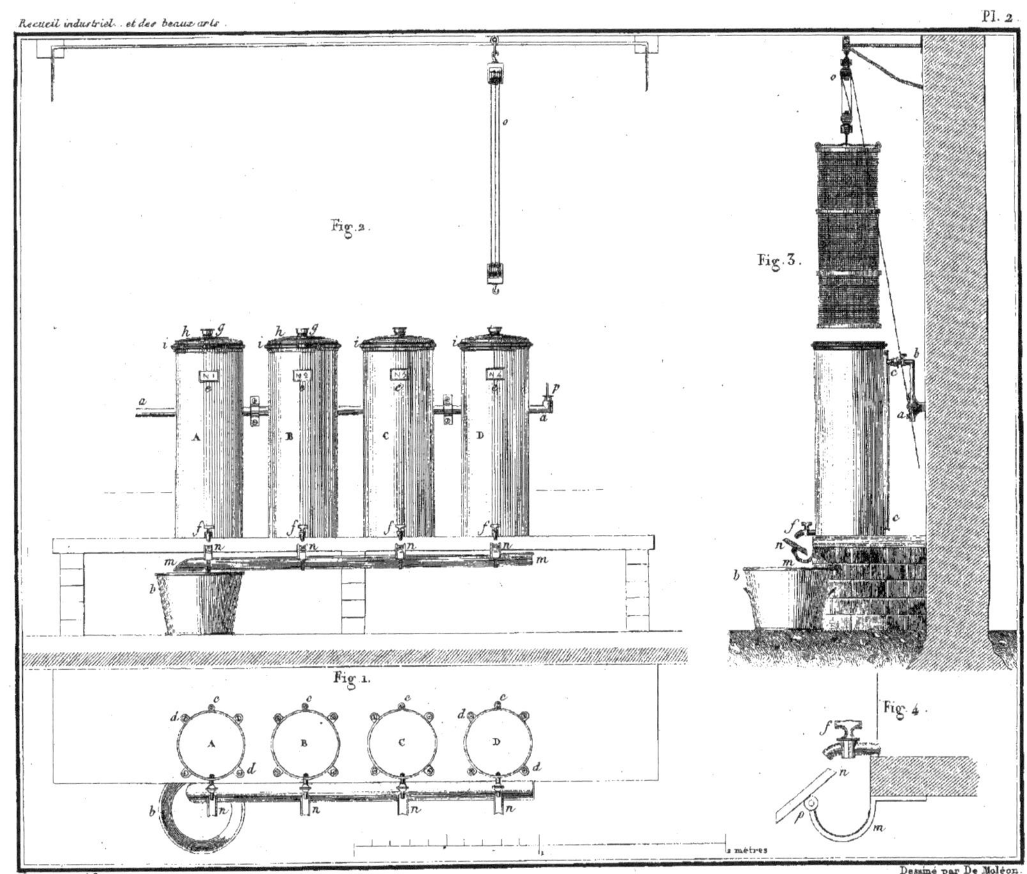
Fig. 1.
Fig. 2.
Fig. 3.
Fig. 4.
2 mètres
Gravé par Adam.
Dessiné par De Moléon.

www.ingramcontent.com/pod-product-compliance
Ingram Content Group UK Ltd.
Pitfield, Milton Keynes, MK11 3LW, UK
UKHW020424230726
13925UKWH00004B/1599

9 782013 401951